動物地鐵

乘搭動物地鐵的車廂內有什麼呢？各動物手上拿着什麼呢？請在虛線內貼上適當的貼紙，你就知道了。

圓形王國和四邊形王國

在圓形王國和四邊形王國裏，分別有些什麼東西呢？
在虛線內貼上貼紙，你就知道了！

神奇的魔術棒

小精靈要用魔術棒做出什麼東西呢？看完以下的句子後，請在小精靈的花園裏貼上適當的東西。

- 穿紅色衣服的小精靈，做出球形的東西。
- 穿綠色衣服的小精靈，做出圓柱形的東西。
- 穿黃色衣服的小精靈，做出箱子模樣的東西。
- 穿藍色衣服的小精靈，做出圓錐形的東西。

魚缸

請將同種類的魚、海星、章魚、螃蟹和海蚌放在一起，在魚缸內貼上適當的貼紙。

他們在做什麼？

看清楚動物們的裝扮，說說看他們在做什麼？並找出各種動物所需的物品，把它們貼在適當的空位內。

嘰嘰喳喳的豌豆

在豆莢裏，豌豆們嘰嘰喳喳地在說些什麼呢？
看清楚豆莢的長度，在豆莢内貼滿豌豆。

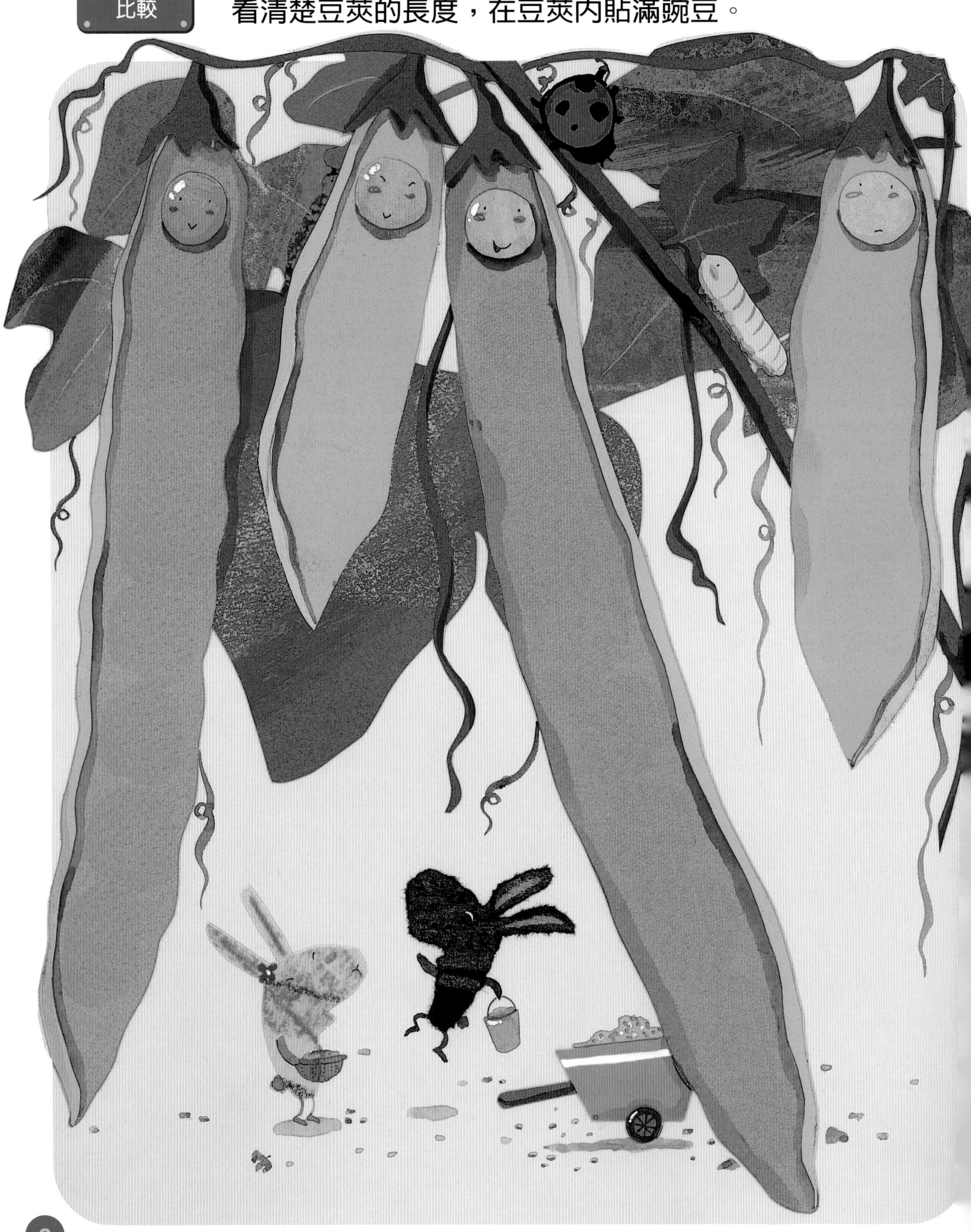

蘋果重多少？

用磅來測量蘋果的重量。數一數蘋果有幾個？
在虛線内貼上表示正確重量的貼紙。

魔術，變魔術

看完以下的句子，將適當的物品貼在魔術師的手上。
並用煙火來裝飾會場吧！

山丘上的花樹

在回家的路上，小兔子看見樹上開了許多美麗的花。
請把大花貼在大樹上，小花貼在小樹上。

長瘤的老爺爺

慈祥的老爺爺說他遇到了可怕的鬼怪，但身上的瘤竟然消失了。這究竟是怎麼一回事呢？
看完故事後，利用貼紙，完成這幅畫吧！

從前有一位慈祥的老爺爺，他身上長了一個大瘤。有一天，上山砍柴的老爺爺為了要躲雨，跑到一間空屋裏。

在可怕的空屋裏，老爺爺越來越害怕，就唱起歌來。就在這時候，有奇怪的火球飛進屋裏。

●請在虛線內貼上適當的火球，使顏色相同的火球在同一線上。

那奇怪的火球就是
一羣鬼怪。
鬼怪們配合老爺爺
的歌聲跳起舞來。
老爺爺也興奮地和
鬼怪們一起跳舞。

羨慕老爺爺歌聲的鬼怪們，
認為這歌聲是從瘤發出來的，
所以他們用寶物和老爺爺交換瘤。
最後，老爺爺高興地跑回家，
過着幸福的日子。

●用各種形狀來點綴鬼怪們的衣服。
●給大的鬼怪貼上大的棒槌；給小的鬼怪貼上小的棒槌。

咳咳卡卡，乞嗤！

動物們感冒了。看清楚動物的嘴和鼻子，
並利用貼紙，將適合的口罩戴在他們的嘴和鼻子上。

蔬果大樂隊

蔬菜和水果們在演奏什麼樂器呢？
看清楚樂器的另一半，將剩餘的部分貼好。

縫補衣服

熊大嬸總是愉快地在縫補衣服。請幫助熊大嬸尋找破掉的另一半，並打它貼在適當的虛線內。

酸酸甜甜的水果批

請利用貼紙，在批的左上方放奇異果；左下方放士多啤梨；右上方放橙；右下方放車厘子，做個好吃的水果批吧！

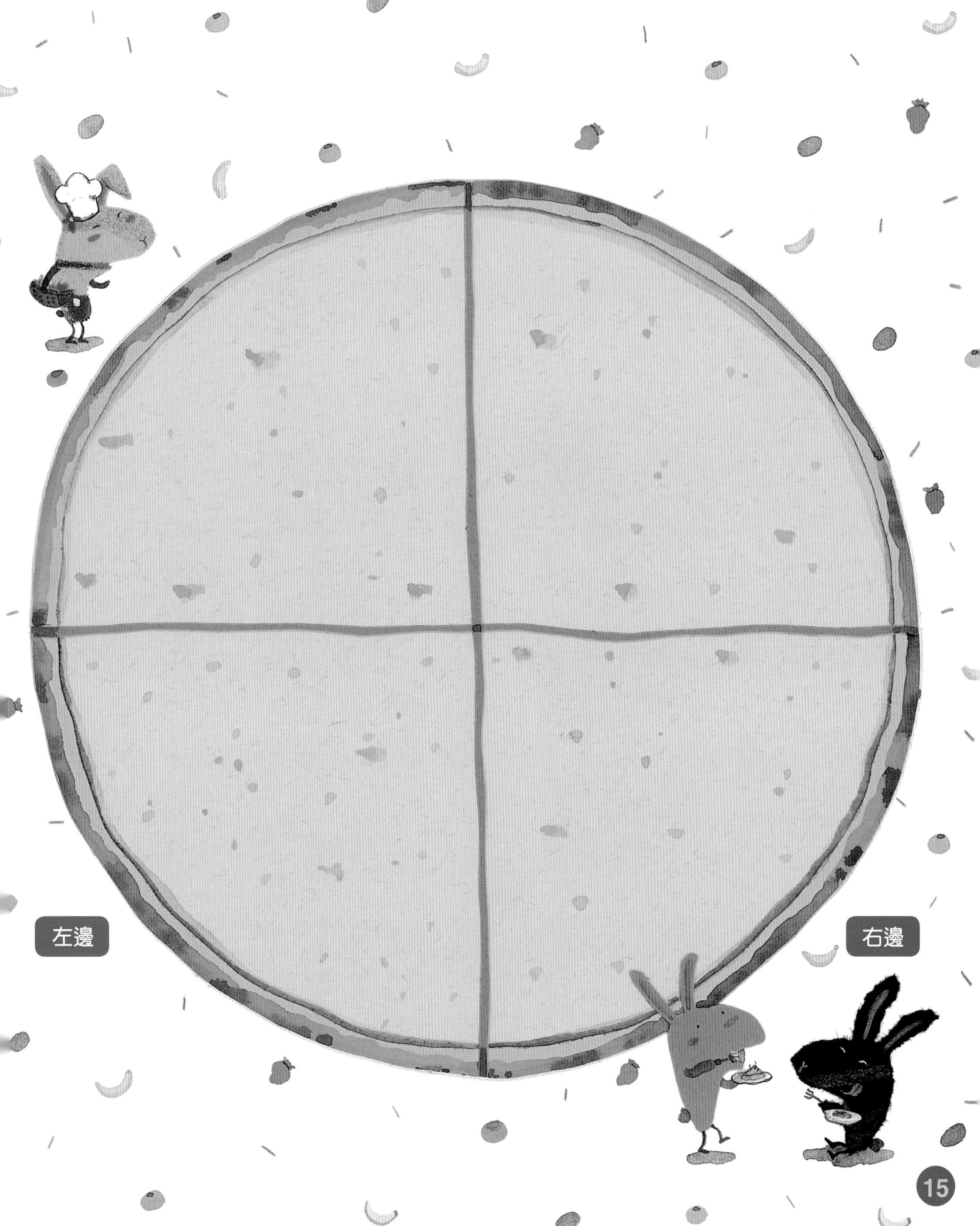

海底世界

動物們在互相打招呼呢！
讀一讀下面的句子，把動物貼在合適的位置吧！

- 魚兒在上面游，螃蟹在下面打招呼。
- 魷魚在左邊玩耍，海馬在右邊愉快地聊天。

漂亮的新家

樹上搬來幾戶美麗的新家。
看完以下的句子後，請在新家裏貼上適當顏色的鳥。

- 紅色鳥的左邊住着黃色鳥，右邊住着綠色鳥，下面住着黑色鳥。
- 粉紅色鳥的左邊住着白色鳥，右邊住着紫色鳥。
- 白色鳥的上面住着藍色鳥，綠色鳥的下面住着橙色鳥。

孔雀的扇子尾巴

孔雀的尾巴好像一把美麗的扇子。
看清楚美麗的圖案排列，在虛線內貼上適當的圖案。

我做的項鏈

將各式的飾品串起來，做出屬於自己的美麗項鍊。
看清楚飾品的排列，在虛線內貼上適當的飾品。

做月曆

今天是幾月幾日？星期幾呢？
請在適當的虛線位置上，貼上寫着數字的花瓣。

蓋章遊戲

數一數沾到顏色的手腳數目，在適當的空位內貼上同數目的手印和腳印，以及相同顏色的數目字。見以下範例。

多少錢？

洋娃娃是1000元，魚是500元，糖果是100元。
看看小朋友買的東西，請利用貼紙，在籃子裏付錢吧！

魔笛

在某個村子裏，來了一個會吹魔笛的青年。
看過故事後，利用貼紙，試着完成這幅畫吧！

有個村莊鬧鼠患。有一天，一位吹笛子的青年出現在這個村莊裏，他說如果能給他一大筆錢，他可以把老鼠都趕走。人們同意了，這位青年就開始吹着笛子，在巷道裏走來走去。這時，躲藏起來的老鼠全都出來了，跟着青年排成一列。

●請在樹下貼3隻老鼠，在屋頂上貼3隻老鼠，在青年的右手邊貼5隻老鼠，在他的左手邊貼5隻老鼠。

這位青年帶着老鼠朝江邊走去，老鼠竟然一隻一隻地跳進水裏去。青年按照約定向人們要錢，然而人們卻改變心意，裝作不認識他。生氣的青年又再次吹起笛子。這一次，村裏的孩子們排隊跟着青年走了出來。青年什麼也沒說，就這樣帶着孩子們消失了。

●看清楚寫在帽子上的數字順序，在沒戴帽子的小孩頭上，貼上合適的帽子。

第1頁
第3頁
第2頁
第4頁

第4頁
第5頁
第6頁

第7頁
第8頁
第9頁
第10頁
第11頁

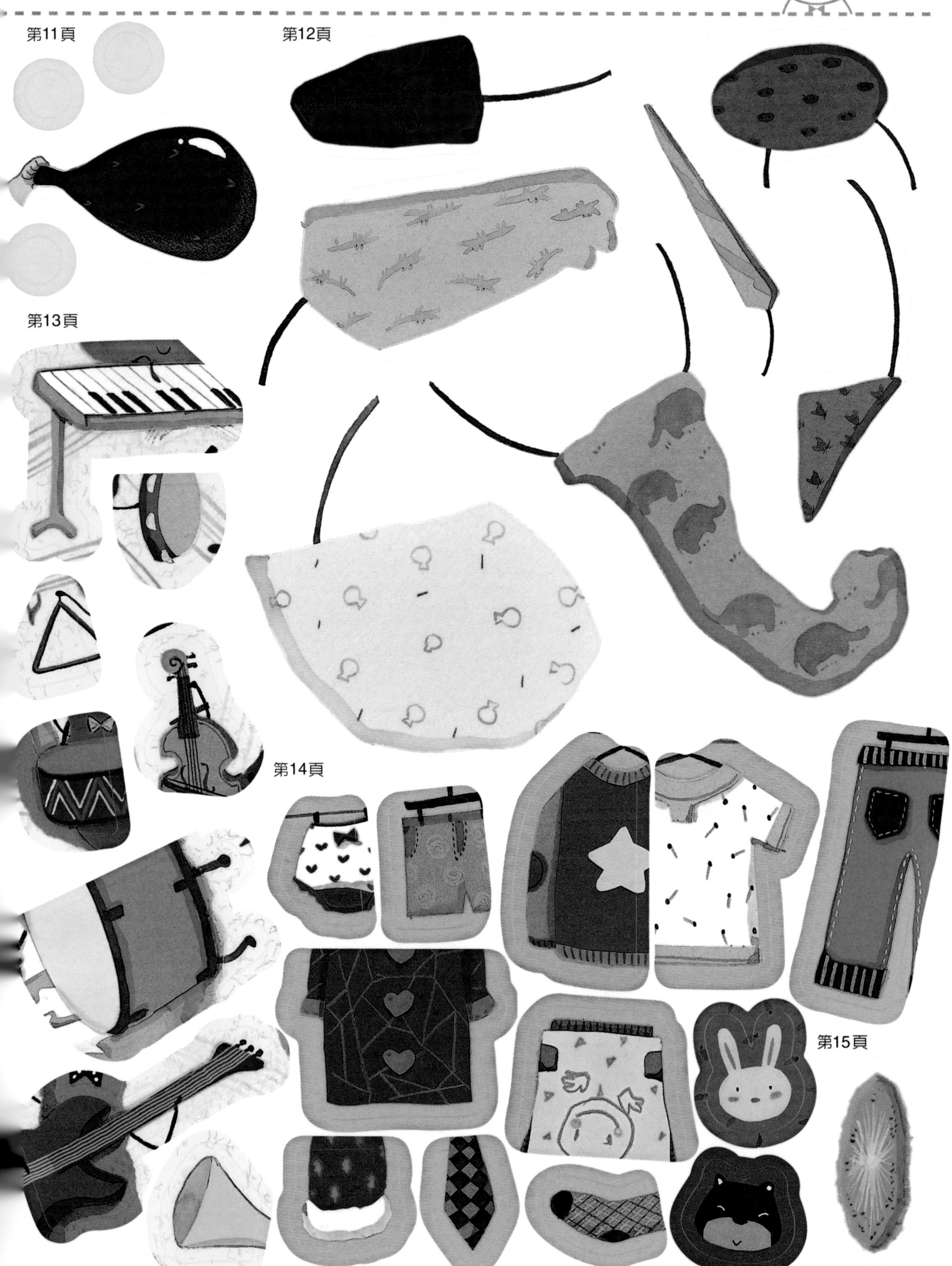
第11頁
第12頁
第13頁
第14頁
第15頁

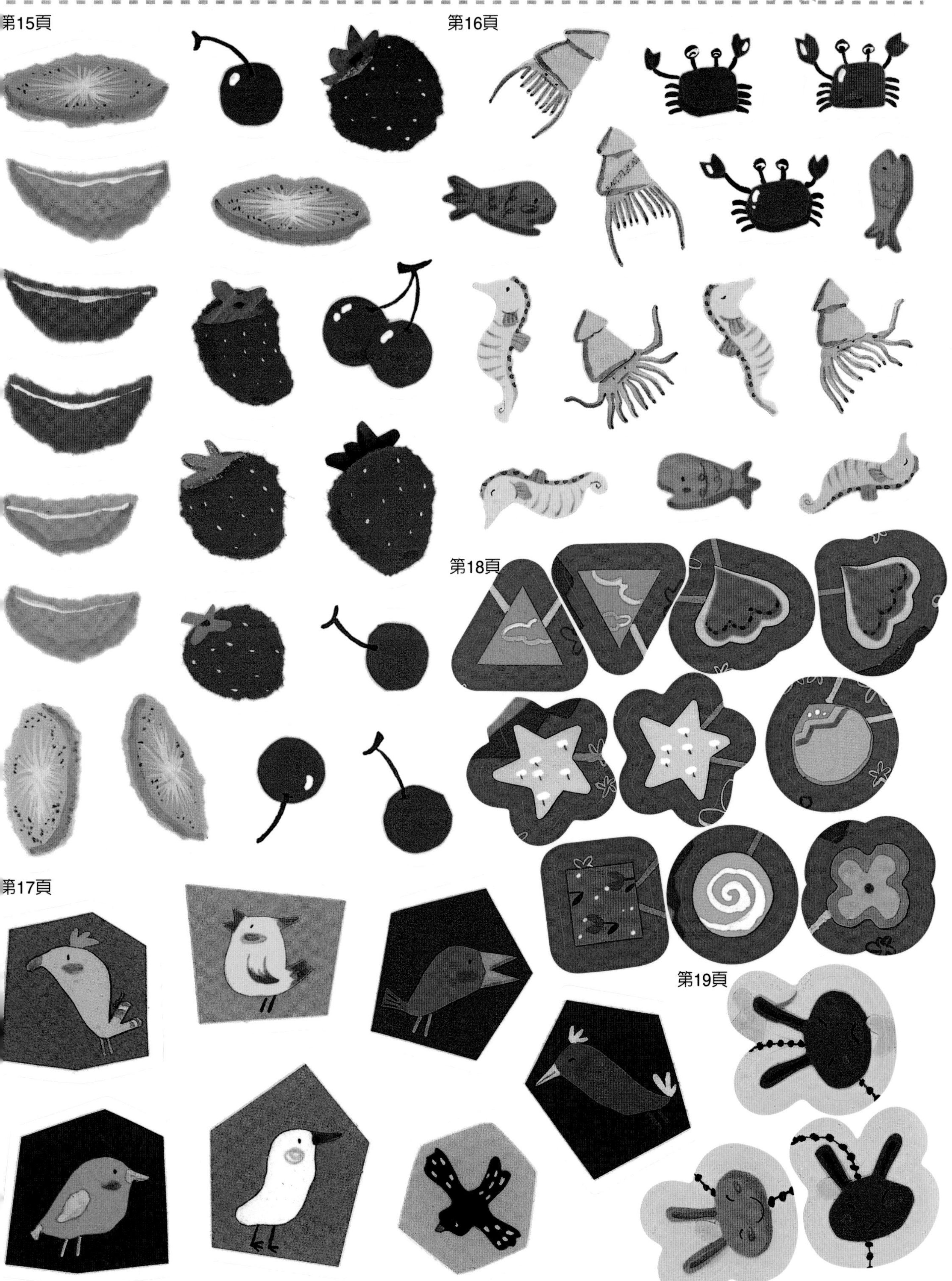
第15頁
第16頁
第17頁
第18頁
第19頁